浪花朵朵

能量无处不在

万物运转的物理学

[俄罗斯]罗曼·费希曼 著　　[俄罗斯]阿琳娜·鲁班 绘　　王倩 译

科学编辑：[俄罗斯]德米特里·马蒙托夫

浙江科学技术出版社

著作合同登记号　图字：11-2023-302

© ⓖ Pink Giraffe Publishing House, text & design, 2021
© ⓟ Polytechnic Museum, 2021
Science editor: Dmitry Mamontov
All rights reserved including the right of reproduction in whole or
in part in any form.
This edition was published by arrangement with Genya aGency
本书中文简体版权归属于银杏树下（上海）图书有限责任公司

图书在版编目（CIP）数据

能量无处不在 : 万物运转的物理学 / (俄罗斯) 罗
曼·费希曼著 ; (俄罗斯) 阿琳娜·鲁班绘 ; 王倩译
. -- 杭州 : 浙江科学技术出版社, 2023.10
　ISBN 978-7-5739-0741-7

Ⅰ.①能… Ⅱ.①罗…②阿…③王… Ⅲ.①物理学
—少儿读物 Ⅳ.①O4-49

中国国家版本馆CIP数据核字(2023)第134042号

官方微博　@浪花朵朵童书
读者服务　reader@hinabook.com 188-1142-1266
投稿服务　onebook@hinabook.com 133-6631-2326
直销服务　buy@hinabook.com 133-6657-3072

书　名	能量无处不在：万物运转的物理学
著　者	〔俄罗斯〕罗曼·费希曼
绘　者	〔俄罗斯〕阿琳娜·鲁班
译　者	王倩

出版发行　浙江科学技术出版社
　　　　　　杭州市体育场路 347 号　邮政编码：310006
　　　　　　办公室电话：0571-85176593
　　　　　　销售部电话：0571-85176040
　　　　　　E-mail：zkpress@zkpress.com
印　刷　北京盛通印刷股份有限公司

开　本	889 mm × 940 mm 1/16	印　张	4.5
字　数	50 千字		
版　次	2023 年 10 月第 1 版		
印　次	2023 年 10 月第 1 次印刷		
书　号	ISBN 978-7-5739-0741-7		
定　价	68.00 元		

出版统筹	吴兴元	特邀编辑	李希
封面设计	九土	责任编辑	卢晓梅
责任校对	赵艳	责任美编	金晖
责任印务	叶文炀	营销推广	ONEBOOK

目　录

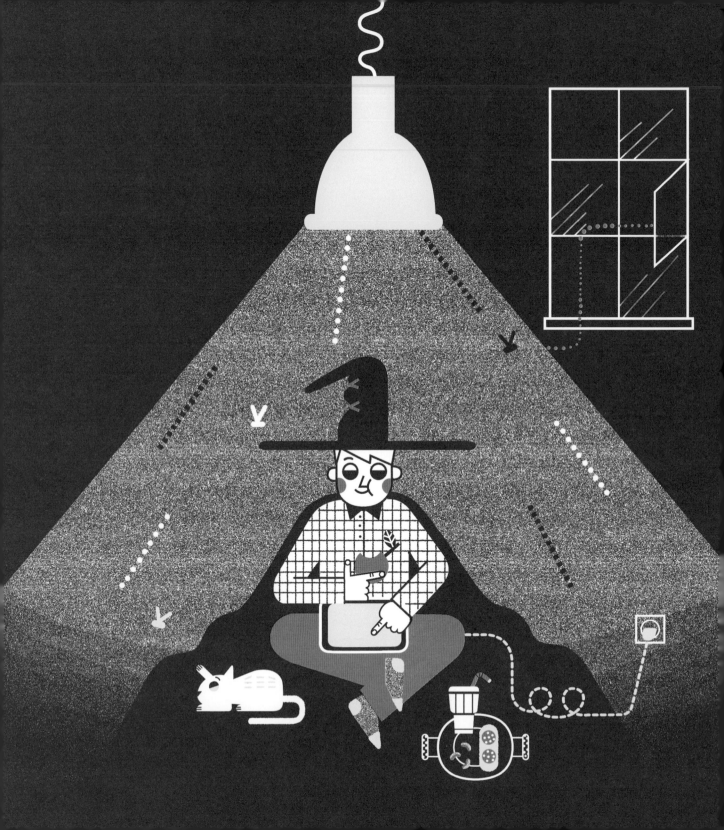

第一章
能量长什么"样子"

在手机或平板电脑的电耗尽之前，很多人都想随心所欲、没日没夜地玩，希望电这种"魔力"源源不断。

在能量消耗这方面，人和手机或平板电脑有些相似：我们的能量迟早会耗尽，我们要时不时休息一下，给自己"充电"。即便是魔法师，也要及时补充魔力。

无论我们做什么，都在消耗能量。当然啦，学习或打扫房间时，我们消耗的能量更多，会比玩游戏时更容易感到累。但在我们玩游戏时，手机或平板电脑的耗电速度非常快——启动屏幕、切换画面等，都会耗费很多电，等到电要耗尽时，就必须去充电。

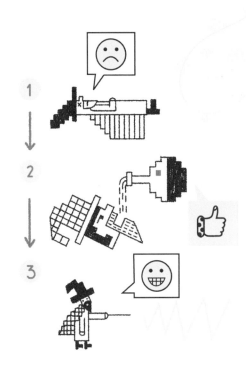

魔力：一种神奇的能量，能将山变成小老鼠，或者让人瞬间移动。

1

充电的时候，电池会储存能量。我们肉眼看不到的微小电荷，沿着电线从插座跑向电池，就像水从水龙头流出，汇聚到水池里一样。电荷的流动就是电流。电荷及电荷运动所具有的能量就叫作电能。

电能使用起来非常方便，通过电线，就能以非常快的速度，将电能传输到上千千米外的插座里，就像水管将水引到水龙头那样。我们生活中许多有用、有趣的东西，都要依靠电能来工作。冰箱和电视机通过插座获取电能，平板电脑、玩具赛车和遥控器则从电池获取电能。

电池分为两种：一种是原电池，不能重复使用，也叫作一次电池；另一种是蓄电池，可以充电并重复使用，也叫作二次电池。随着时间的推移，蓄电池会老化，蓄电能力也会下降，但蓄电池的使用寿命通常很长，经得住很多次使用和充电。

手表里的纽扣电池大约只有2克重，而小汽车里的蓄电池重约10千克！

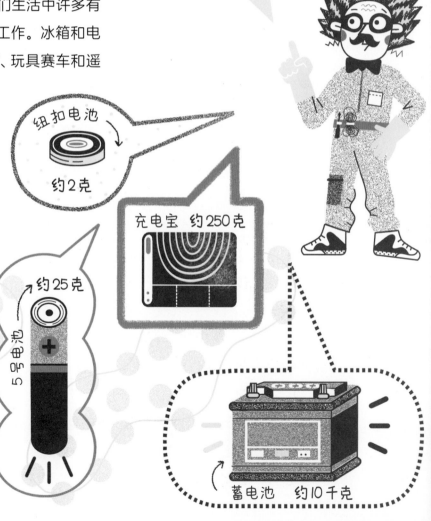

纽扣电池 约2克

5号电池 约25克

充电宝 约250克

蓄电池 约10千克

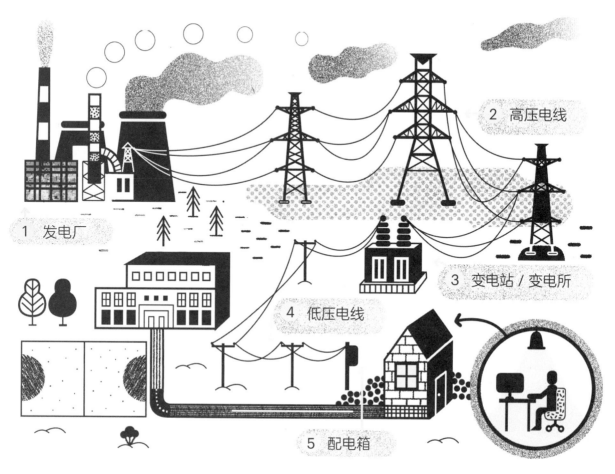

1 发电厂

2 高压电线

3 变电站 / 变电所

4 低压电线

5 配电箱

为了传输电能，人们"编织"出了世界上最大的网，将地球"包裹"起来。电网里的电线将每座城市、每条街道上的家家户户连接起来，为人们提供电能。

充好电后，平板电脑上的游戏又可以重启。换上电池，玩具赛车的轮子又能快速转动。插上插头，冰箱里的食物逐渐冷却，电烧水壶里的水开始变热。电就像能让魔法师施展魔法的魔力，有了它的帮助，我们几乎可以做任何事。

当传输距离很远时，电能需要在非常高的电压下传输，有时甚至是插座电压的数千倍。电压越高，传输的电能越多。不过，传输高压电的电线必须挂在坚固、高大的输电塔上，电能被高压电线导入变电站或变电所的变压器，再被分配到低压电线中。

不同的电热厨具有不同的加热元件。烤面包机的加热元件是一根弯曲的电阻丝，通电时会被烧得通红。

小心！烫手！

在童话故事或游戏中，使用魔力的是魔法师，而在生活中，使用电这种"魔力"的是电器。一只普通的电烧水壶就能将电能转换为热能。

如果把电烧水壶拆开，你能看到底部有一个金属盘，里面有一根粗管形的电阻丝。这根电阻丝很特殊，有很大的电阻力。电流要想通过这根电阻丝，就像人穿过茂密的丛林一样难。穿越密林时，人会因运动发热，同理，电流穿过这根电阻丝时，也会让金属盘变热。这个金属盘就叫作加热元件——电能在这里被转换为热能。

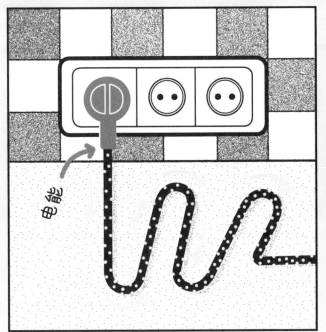

电能

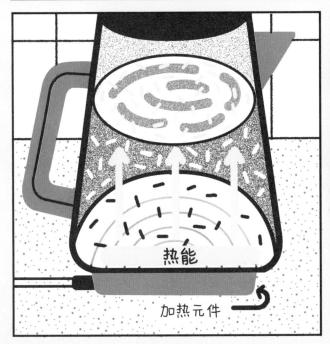

热能

加热元件

与电烧水壶不同，在炉灶上使用的烧水壶不属于电器，而是一种普通的炊具。它本身不消耗能量，烧水时消耗的热能来自火。

冰箱从插座获得能量，平板电脑从电池获得能量，而用来烧水的火的能量则来自燃料。燃气灶通过燃气管道获得燃料，炉灶里的木材也是燃料。燃料就像蓄电池一样储存能量，燃烧时释放热能和光能。

不同燃料由不同分子组成，因此，有的燃料燃烧时温度高，释放的热能多；有的燃料燃烧时温度低，释放的热能少。要想将一桶水烧开，所需的木材要比汽油多得多。

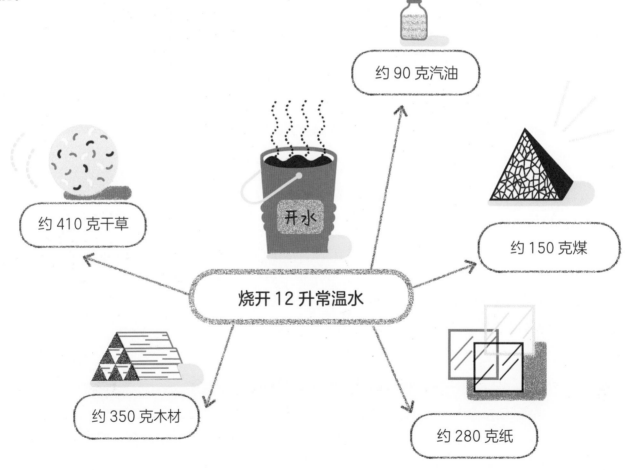

约 90 克汽油

约 410 克干草

约 150 克煤

烧开 12 升常温水

约 350 克木材

约 280 克纸

消耗汽油的车行驶时会排放废气，但消耗电能的车不会。

汽车油箱里装的汽油也是一种燃料，蕴含了非常多的能量。一个油箱通常能装 40~60 升汽油，可以让汽车跑几百千米！而木材中蕴含的能量就少得多了，想让汽车行驶同样的距离，估计得燃烧整整一车木材！

沙

泥土

石油

水

其实，煤、天然气、汽油和木材类似，都来源于植物，只不过是非常非常古老的植物。

很久很久以前，地球上有很多大树，它们枝干粗壮，参天蔽日。这些树木枯死后就倒在了地上，亿万年来不断堆积。难以想象，这么长时间地球上到底积累了多少枯死的树木！

渐渐地，枯死的树木被埋藏到地下，越埋越深。地面不断长出新的树木，而在地下，古老的树木在

石油是由多种物质构成的混合物。人们在加工石油时，将不同物质分离出来单独使用，汽油、煤油、重油等燃料就是这样获得的。从石油中还能提炼出润滑油，甚至沥青！

上方巨大的压力下不断收缩，慢慢地，除了可燃烧的部分，其他物质都从这些树木中消失了。与此类似，海底也积累了很多古老的藻类植物。

就这样，经过几亿年的时间，枯死的树木变成了煤炭，沉积在海底的藻类植物则变成了天然气和能提取出汽油的石油。难怪这几种燃料被称为"化石燃料"——它们本质上都是古老植物的化石。不论烧水还是开车，我们使用的都是很久很久以前的植物储存起来的能量。

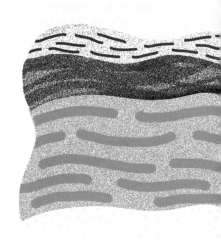

燃烧是一种化学反应，消耗的能量不是电能，而是化学能。植物和一些微生物拥有"超能力"，能从阳光中获取能量。在人类发明太阳能电池之前，只有它们能吸收阳光，把太阳能转换为化学能，储存在自己体内。

人和动物都没有这个本领，所以我们必须吃植物或其他动物，从中获取能量，就像汽车要加满汽油，游戏中的魔法师要获得魔力一样。

可以说，无论是平板电脑充电，还是人坐在餐桌边吃饭，都在做同样的事情——补充能量。只不过，平板电脑需要的是电能，而人需要的是化学能。能量补充完毕，我们才能继续生活下去。

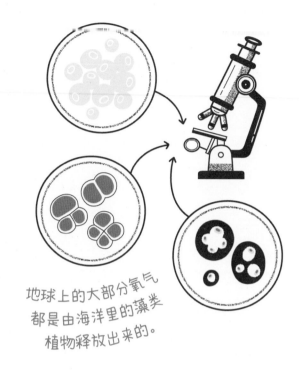

地球上的大部分氧气都是由海洋里的藻类植物释放出来的。

植物和一些微生物的生存不需要其他"食物"。它们只需摄入水，从空气中吸入二氧化碳，就能在太阳能的帮助下将水和二氧化碳变成自己需要的能量；同时，还能排放对我们有益的"废物"——供人和动物呼吸的氧气。

95%

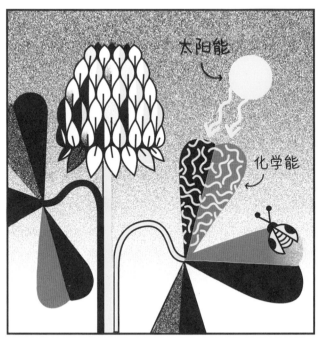

能量有很多种"样子"，它可以是电能、化学能、热能、太阳能等，在童话故事中甚至可以是魔力。不论哪种"样子"，能量是使平板电脑屏幕亮起、汽车行驶、树木生长、水壶烧水，以及人生存和娱乐的动力。

不同的能量互不相似，但可以相互转换。植物可以将太阳能转换为化学能，插上插头的电烧水壶可以将电能转换为热能，而人可以从食物中获取化学能，再将它转换为自身的热能或者动能。

从人到电烧水壶，世间万物不断地将能量从一种形式转换为另一种形式 —— 发生在我们周围的一切几乎都伴随着能量在不同形式间的转换。但能量究竟来自何物？在何处出现？又是谁，在哪里创造出了能量？

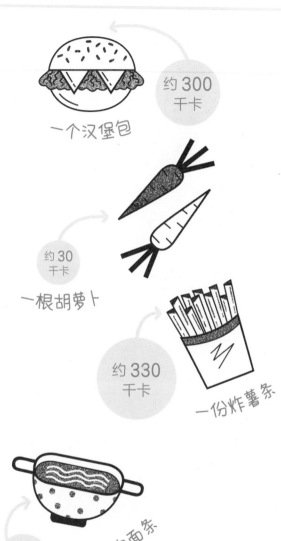

约 300 千卡
一个汉堡包

约 30 千卡
一根胡萝卜

约 330 千卡
一份炸薯条

我们从食物中获得的能量通常被称为热量，可以用卡路里*来衡量。1 卡路里热量太少，所以我们通常用 1000 卡路里作为热量单位，即千卡，也叫大卡。例如，一根胡萝卜大约只有 30 千卡热量，而一个汉堡包的热量多达 300 千卡！注意，热量过剩对身体有害哦。

* 热量的法定计量单位为焦耳。卡路里是热量的非法定计量单位，但在营养学中广泛应用。1 卡路里约为 4.186 焦耳。——编者注

约 65 千卡
一份鸡肉面条

约 100 千卡
一听可乐

我最爱的能量是热能!

我最爱的是化学能!

我最喜欢
太阳能!

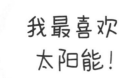

太阳能

第二章
能量从哪儿来

魔法师不能凭空制造魔法，为了获得魔法，他们必须喝下魔药，或者从大自然中吸收魔力。包括我们人类在内的万事万物也一样，要消耗能量，得先获取能量。

能量既不会凭空出现，也不会凭空消失，只会从一种形式转换为另一种形式，只能被获取和利用。这就是能量守恒定律——自然界最主要的定律之一。热能可以由电能转换而来，电能可以由燃料的化学能转换而来……如果将这条能量转换链一直追溯到源头，你会发现，最初的能量来自太阳！

前面已经说过，燃料中蕴含着古老植物的化学能，而植物的化学能由太阳能转换而来。因此，不论通电烧水，还是吃东西，我们都在借用微量的太阳能。太阳巨大而炽热，每秒释放出的能量足以烧开约 750 艾*壶水。虽然太阳能到达地球后减少了很多，但依然足够维持整个地球的运转。

* 1 艾 = 10^{18}。——编者注

找到魔药了吗？

?!

无论我们做什么，无论我们消耗的是哪种能量，这些能量几乎都来自太阳带给地球的光能和热能。太阳是自然界最主要的能量来源。人类所获取的能量也几乎全都来自太阳。

煤、石油和天然气中蕴含着古老植物储存下来的太阳的能量，火力发电厂通过燃烧这些燃料发电；而闪亮的太阳能电池不需要燃料，直接将太阳的光能转换为电能。

就连风力发电机转动叶片，也多亏了太阳。阳光照射到地球后，地球表面受热不均：有的地方气温高，气压低；有的地方则气温低，气压高。在气压的影响下，空气沿水平方向运动形成了风。风的能量被巨大的风力发电机转换为电能。

想知道发电机如何将不同种类的能量转换为电能吗？请阅读第 23 页。

水力发电站

地热发电厂

太阳

风力发电场

太阳能发电厂

火力发电厂

核电站

火力发电厂结构图

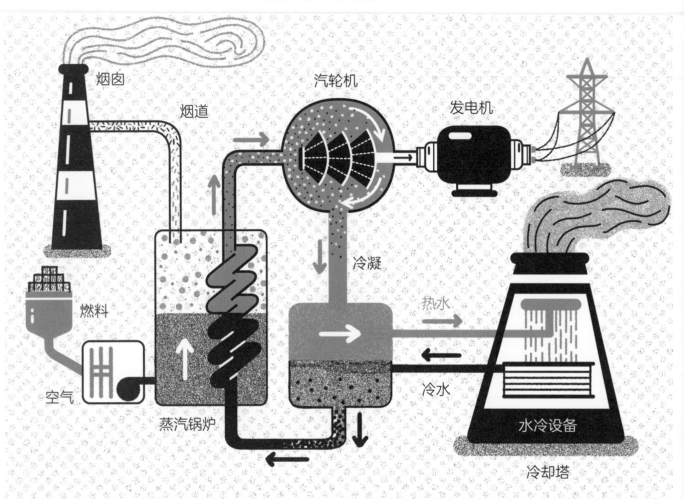

火力发电厂的工作原理和在炉灶上烧水类似。煤、石油或天然气等燃料中的化学能通过燃烧被转换为热能，释放的热量加热水，生成水蒸气，强力的蒸汽流像风一样使汽轮机快速转动，带动发电机运行，就产生了电。

然而，燃料燃烧时会向空气中排放烟尘等许多对自然界和人类有害的物质，所以近年来，新建的以煤、石油和天然气为燃料的火力发电厂越来越少，这些能源逐渐被其他更清洁的能源取代，如太阳能。一些科学家甚至想在大半个撒哈拉沙漠上铺满太阳能电池——如此巨大的发电厂足以为全世界供电！

不久前，科学家研究出了半透明的太阳能电池，即光伏玻璃。这种电池既能让一部分光透过，也能吸收一部分光以获得能量。如果能用这样的电池代替玻璃，家家户户的窗户就都能发电了。

也有一些发电厂发电时既不依靠太阳能，也不需要燃料。它们不需要燃烧任何东西就能产生蒸汽流。

地热发电厂就是这样工作的：在离岩浆很近的地表打井，井内铺设管道，再向管道内注水，利用地球深处的热能将水加热成蒸汽，或直接利用地下的干蒸汽，带动发电机发电。

我们的国家在一座火山岛上！

北欧国家冰岛就坐落在一座火山岛上，那里的岩浆离地表非常近，所以冰岛大部分电能都来自地热发电厂，由地球内部的热能转换而来。

地热发电厂结构图

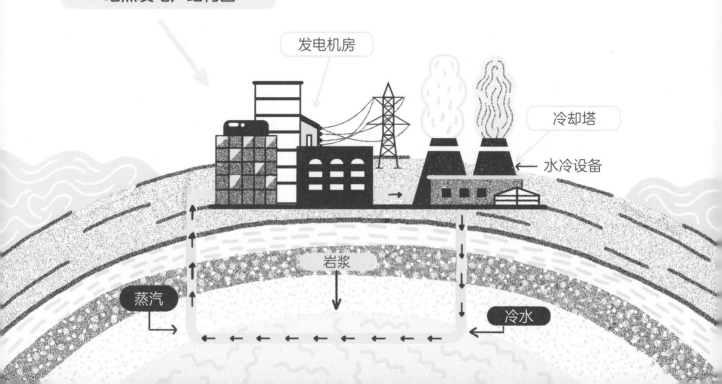

发电机房

冷却塔

水冷设备

岩浆

蒸汽

冷水

危险标志:"当心辐射!"

核电站获得蒸汽的方式十分独特,利用的是特殊的核燃料——一些很少见的重金属,比如铀。铀不能燃烧,但铀原子核质量大且不稳定,很容易分裂,在分裂时就会释放出原子核的特殊能量,即核能。核能蕴含着巨大的能量,能将水加热成水蒸气发电。

控制好铀的使用很重要。如果过多的铀原子核分裂,就会释放出巨大的核能,引起爆炸。幸好,科学家们已经知道如何防止此类事故发生了。

铀原子核会分裂成其他化学元素的原子核,其中一些化学元素像铀一样不稳定且有放射性。必须小心收集这些废料,将它们储存在远离人类的封闭容器中,有时还需要将它们深埋在地下。核废料需要保存成千上万年,直到其中的有害元素自行消解。

自制发电机？就这么简单！

1 将纸板粘在一起。

8cm · 7,7cm · 8cm · 3,5cm · 8cm · 3,2cm

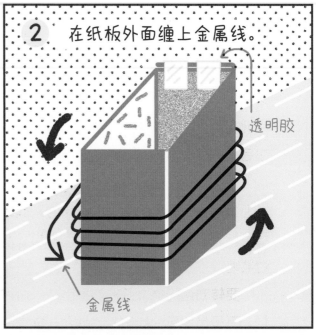

2 在纸板外面缠上金属线。

透明胶

金属线

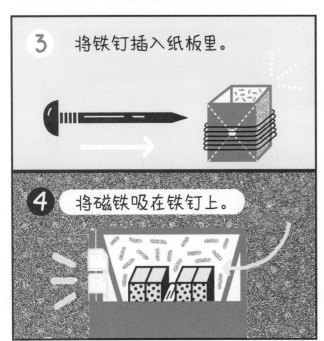

3 将铁钉插入纸板里。

4 将磁铁吸在铁钉上。

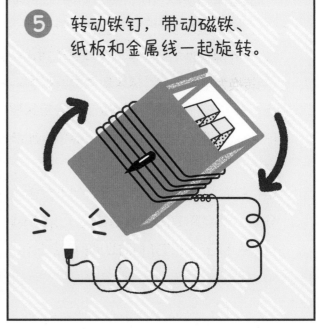

5 转动铁钉，带动磁铁、纸板和金属线一起旋转。

几乎所有的发电厂都要用到发电机。自制发电机非常简单，除了第 22 页的方法，你还可以试试这种：将金属线围成一个闭合的线圈，放在磁铁的南北极中间，转动线圈，金属线内就产生了电流。之后，只要将电流传输到电线里就可以了。

大型工业发电机更接近于上面这种方法，不过它们要尽可能多发电，所以使用的是缠绕了几千米细金属线的线圈和巨大的磁铁。有的工业发电机重达数吨。

要转动这样庞大的东西很困难。如果不燃烧燃料，而是借用风的能量，就需要非常大的叶片。当你靠近风力发电机时，一定会很惊讶：它居然这么大！风力发电机的塔架有 50 层楼那么高，甚至更高！叶片快速转动时，带动发电机旋转，风的能量就转换为电能。那么风本身的能量又是什么呢？

海上没有建筑、森林和高山阻挡，因而风力比陆地上的更强，也更稳定。所以，有些风力发电场会建在离岸边不远的海里。发电机的塔架固定在海里，电流通过架设在海底的电缆向陆地传输。

100 年前

锯

熨斗

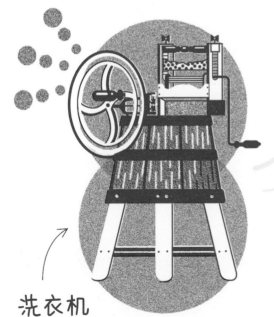

洗衣机

我们已经知道了，能量既不能凭空产生，也不会凭空消失，它们只会从一种形式转换为另一种形式。发电机就是利用这个原理，将动能转换为电能。

一切运动的物体都具有能量。扔出去的石头，吹动的风，路上行驶的汽车……都是因为有能量才能动。风的能量来自太阳能，汽车的能量来自汽油的化学能，根据能量守恒定律，这些能量最终都转换为运动的能量——动能。

现在

洗衣机

熨斗

以前，人们使用一些家用工具，需要借助自己肌肉的能量，无论是锯倒一棵树，还是转动洗衣机的滚筒，都要手动操作。熨斗则依靠煤燃烧释放的热能运转。如今，这些能量都被电能取代。

锯

用同样多的能量让物体运动，重的物体获得的速度慢，而轻的物体则可以达到很快的速度。可以说，物体越重，速度越快，具有的动能就越大。

轻型子弹很轻，只有几克重，但当它从手枪中被射出来后，会以超声速飞行，所具有的动能足以击穿厚厚的木板。汽车很重，即使缓慢行驶，也具有非常大的动能，就算轻轻撞击，也能将木板撞碎。

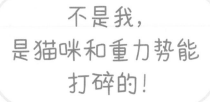

事实上，汽车即便静止不动，也能压碎木板，甚至压垮一棵坚固的树木。这是因为地球为其提供了能量。

我们生活的地球质量很大，地球表面的一切物体都被它吸引，坠向地心的方向。比如，跳起来的孩子会落地，扔出去的石头会掉下来。如果没有桌子的支撑，杯子就会掉在地上摔碎——杯子被地球吸引而具有了能量，这种能量可以转换为动能，这就是重力势能。正是由于它的存在，滑板车和自行车才能从坡上滑下来，并且速度越来越快。

重力势能和动能相仿，物体越重，离地面越高，具有的重力势能就越大。因此，石头被扔得越高，对地面的打击力就越大。你也可以做个小实验来验证这个规律：打开水龙头，将你的手放到水龙头下面，你的手放得越低，水流冲到你手上的力度就越大。

晃动的秋千不知疲倦地将重力势能转换为动能，又将动能转换为重力势能。秋千向上荡起，慢慢减速，在到达最高点的瞬间停止运动，这时所有的动能都转换为重力势能。然后秋千向下荡，在最低点达到最高速度，这时所有的重力势能都转换为动能，为秋千重新向上荡起提供了能量。

重力势能

动能

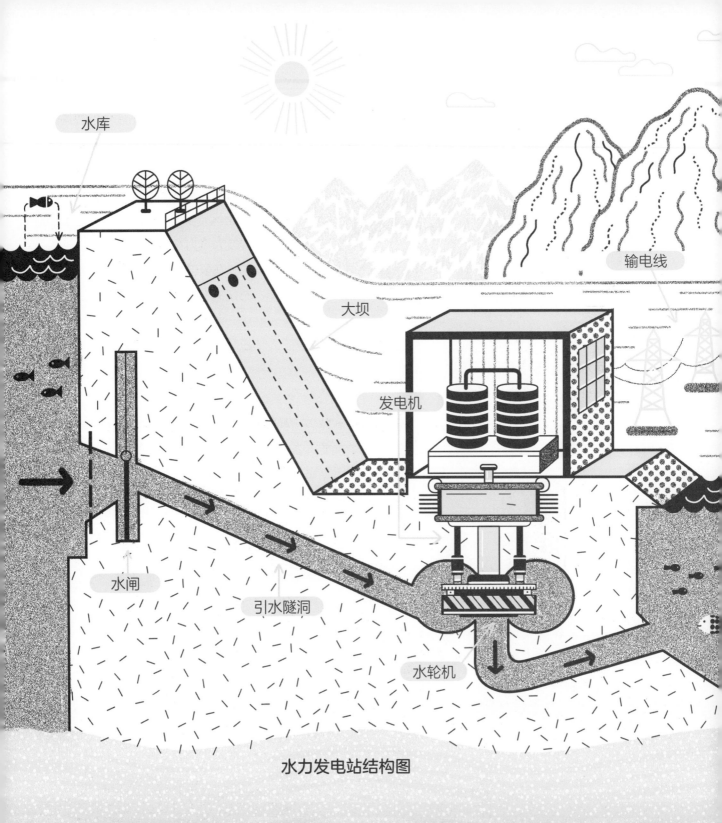

水库

输电线

大坝

发电机

水闸

引水隧洞

水轮机

水力发电站结构图

水流的巨大能量可以让水力发电站（以下简称水电站）沉重的大功率发电机转动。人们修筑大坝，将整条河流堵住，使得水位变高，形成了巨大的人工湖——水库。

可以说，水库中储存的不是水，而是河水蕴藏的巨大能量。如同蓄电池储存化学能一样，水库也在储存重力势能。

如果在大坝上挖个洞，河水就会汇聚成强劲的水流从洞中流出——就像从巨大的水龙头中流出一样，河水的重力势能就会转换为动能，甚至可以轻而易举地让最大的发电机转动。水电站就是这样积累重力势能，将其转换为动能，进而获得电能的。

有些水电站的水库很大，河流被大坝堵住后，水位会上升很多，直到淹没周围的一切。许多古老的村落甚至城市，都因此被淹没在水下。例如，俄罗斯在修建伏尔加河上的古比雪夫水电站前，生活在这里的 15 万居民就不得不搬迁离开。

发电机转动时，将动能转换为电能。而要让发电机转动，不同的发电厂利用的是不同的能量，如风、水流或强力蒸汽流的能量。

通过借用太阳能、核能或地球内部的能量，发电厂将它们从一种形式转换为另一种形式，直到最终转换为电能。电流沿着电线组成的电网快速传输到我们使用的电器上，给电池充电，加热电烧水壶，等等。

闪电也是电流，只不过持续的时间非常短暂。一道闪电的能量足够一个普通家庭使用一个月，或烧开 2000 壶水。但发生闪电时，所有能量会在同一地点被瞬间释放，因此，被闪电击中非常危险。

平均每道闪电
的能量
=
30升汽油
燃烧释放的能量

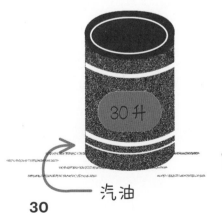

汽油

请仔细阅读这些能量转换链，想一想：它们分别发生在哪种发电厂里？

1 动能→电能=？

2 化学能→热能→动能→电能=？

3 重力势能→动能→电能=？

4 太阳能→电能=？

5 热能→动能→电能=？

答案：
1 风力发电场
2 火力发电厂
3 水力发电站
4 太阳能发电厂
5 地热发电厂

???

第三章

能量如何储存

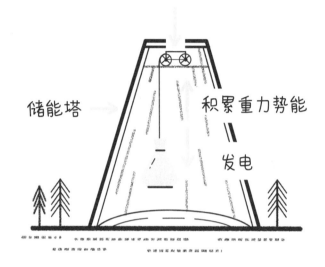

电动发电机

储能塔 → 积累重力势能

发电

仅仅获得能量是不够的，最重要的是积累能量，并一直将它们储存到需要使用的时候。能量就像庄稼，不仅要按时收割，还要储藏起来。不同的食物有不同的储藏方法，如冷冻、做成罐头、腌制等。不同的能量也有不同的储能装置。

热能的储能装置里存放着特殊的石头或液体，通过释放热能，储能装置将水加热成水蒸气，像前一章讲的那样带动发电机转动，热能就转换为电能。飞轮是一种很重的高速旋转的铁盘（近年来，也有用碳纤维等新材料制作的飞轮），是动能的储能装置。而汽车油箱则是燃料中的化学能的储能装置。

固体重力蓄能电站＊是一种储能装置，它的储能介质通常是装满沙子的麻袋或者厚重的花岗岩等。电动发电机先将这些材料运送到高处，储存重力势能，当有需要时，这些重物就沿缆绳下降，带动电动发电机转动发电。

＊ 在中国，抽水蓄能是常见的重力储能方式，储能介质为液体。——编者注

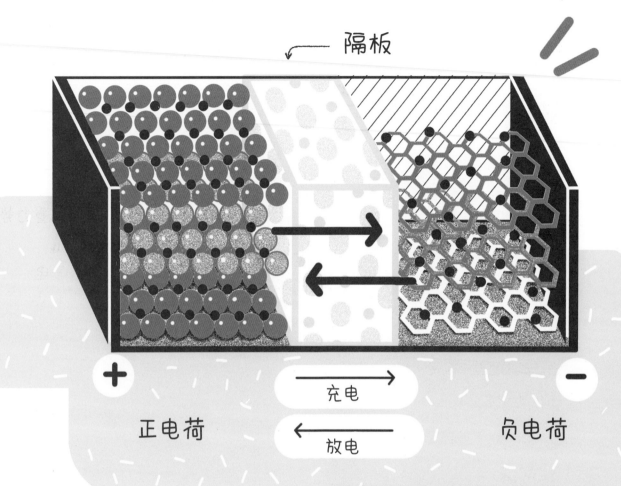

隔板

+ 正电荷

→ 充电

← 放电

− 负电荷

蓄电池如何工作

电能的储能装置大家都知道，是电池。平板电脑、手机、游戏机以及电动汽车里用的是蓄电池。蓄电池与外部电源连接时，将电能转换为化学能储存起来，这就是充电过程；当要为电器提供能量时，蓄电池就将化学能转换为电能。等到电能耗尽了，就要给蓄电池充电。

电池中的化学物质有剧毒，一旦泄漏，就会危害自然界中的生物，如果我们的皮肤接触到，也会受损。因此，我们不能将废旧电池当作普通垃圾处理，而是要收集起来，放到特定的回收箱中，送到特殊的工厂处理。

不过电池使用起来非常方便，尤其是蓄电池。它可以快速充电，并在需要的时候快速放电，这一点水库就做不到——能在一个星期内将水库蓄满水就已经很快了！

电池可以被设计成各种大小，微型电池可以放进玩具车甚至手表里，但你家里肯定放不下储存热能的石头！

不要尝试自己拆卸电池。首先，电池可能会爆炸；其次，电池里含有对人体和自然界有害的物质，如锂或钴。所以，废旧电池必须被回收到特殊的工厂，用特定的机器小心提取出其中有价值的金属物质。

通过化学反应
提取出有价值的金属物质

分离电池的外壳与内芯

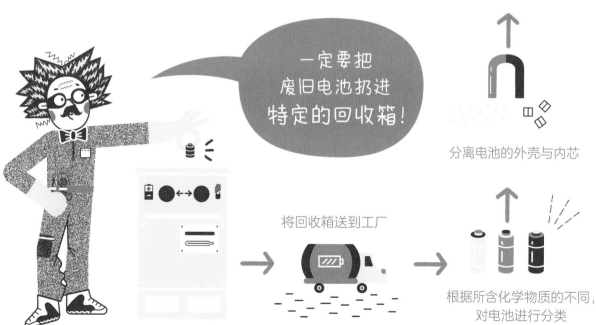

将回收箱送到工厂

根据所含化学物质的不同，
对电池进行分类

35

不是所有的手表和玩具车里都有电池，有的是靠发条弹簧获取能量。弹簧被压缩或拉伸后，会努力恢复原来的形状，变形的弹簧会积累一种特殊形式的能量 —— 弹性势能。

大家好！我是发条小汽车。

主齿轮

车轴

发条弹簧

我是给小汽车上弦的钥匙。

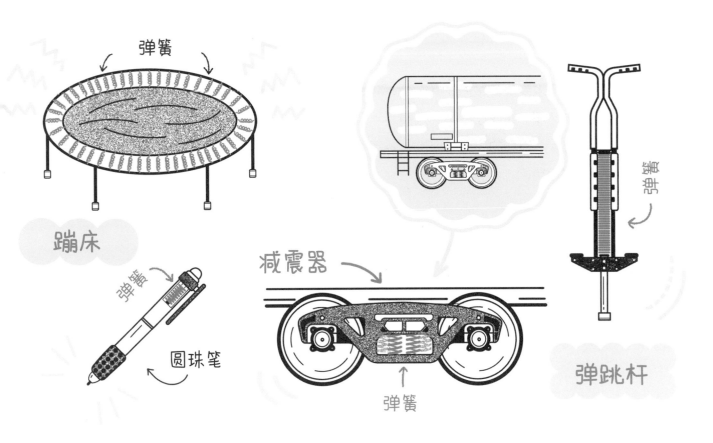

弹簧

蹦床

弹簧

圆珠笔

减震器

弹簧

弹簧

弹跳杆

每当我们用力将弹簧门推开时，我们就会遇到这种能量。推门时，我们手臂的力量不仅将门推开，还拉动门上的弹簧。弹簧变长，积累弹性势能。等到我们将手从门上松开后，弹簧就会回弹，门也会关上。

机械表和发条小汽车都必须依靠弹性势能才能运转。用力转动发条给它们上弦，发条弹簧就会积累弹性势能。我们稍一松手，发条弹簧就会旋转起来，将能量传递给钟表的齿轮或小汽车的轮子。

对弹性势能的利用随处可见。机械表里用的是最微型的弹簧，货车里用的则是超高强度的钢制成的弹簧。

普通弓、竞技弓和狩猎弓，都是利用弹性势能将箭射出去的。弓箭手拉紧弓弦，积累弹性势能，手指一松开，箭就飞射出去。无论是弓还是发条小汽车，抑或门上的弹簧，都将弹性势能转换为动能。仔细想想，这是不是很神奇？

事实证明，我们身边发生的一切，或者说世界上发生的一切，都是能量的流动，是能量从一种形式转换为另一种形式的过程：热能转换为电能；化学能转换为热能；动能转换为弹性势能，再转换为动能……每种能量都有用处，也有各不相同的获取、储存的方式。在学习能量的用处之前，我们先来了解一下怎样将能量传输到需要的地方吧。

我们现在常用的弹弓设计简单，看上去像古老的发明，但实际上，直到 19 世纪，人们学会制作有弹性且耐用的橡皮筋之后，这种弹弓才出现。在此之前，很多人更喜欢用投石索——一种真正古老的工具。

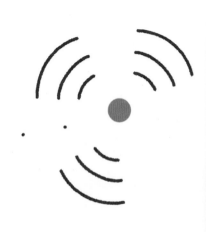

古罗马人用来投掷石头的发射器——

投石机

利用的是**弹性势能！**

!!!

投石机

将绳索缠绕在与摇杆相连的支架上，**可以充当弹簧！**

弹性势能

摇杆

不停按压摇杆，将绳索缠紧，"弹簧"上就积累了弹性势能！

松开摇杆！

哇！石头能飞出100米远！

化学能主要储存在煤、天然气、石油等化石燃料中，汽油、煤油就是从石油的原油中提取出来的。有些火力发电厂烧煤，厨房里的燃气灶烧天然气，汽车烧汽油——这些燃料在我们的生活中随处可见。但是，它们通常是从离我们很远的地方开采来的——在那些有远古时期形成的天然矿床的地方。开采和加工之后，这些化石燃料要被运输到需要的地方，至此，它们的能量才能被释放，并根据需要转换成其他形式的能量。

石油埋藏在地下很深的地方，我们无法从地表看到。地质学家会利用各种方式来勘探石油。石油形成时会有共生矿物出现，有些共生矿物会上升到地表，地质学家可以通过它们来判断地下是否蕴藏石油资源。

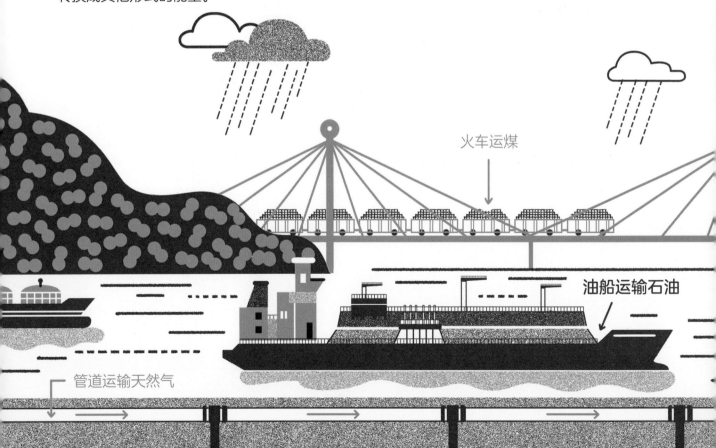

火车运煤

油船运输石油

管道运输天然气

煤看起来就像黑色巨石的碎屑，难怪被称为"可以燃烧的石头"。煤是最容易运输的，通常用火车运输。

天然气可以用管道运输。最长的天然气管道绵延数千千米，有的还被铺设在海底。天然气还可以用结实的槽罐车或船只运输：先将天然气转化为液态，再把液化天然气注入槽罐车或船上的巨大储罐中。

液化石油可以用铁路罐车、管道甚至特殊的船只 —— 油船运输。有的油船非常大，运输一次的石油量就足以供给一个小城市。

槽罐车运输液化天然气

储油库

液化天然气船运输液化天然气

陶瓷绝缘子串

输电塔

电流

输电线路

就像石油、天然气可以通过管道运输一样，电也能通过一种特殊的"管道"——电线传输。粗粗的高压电线携带着巨大的能量，庞大而危险，因此，必须悬挂在坚固高大的输电塔上，尽可能远离地面和人群。一条高压电线可以同时为多个城市输送电能。

比高压电线细一些的电线就挂在路边普通的输电杆上，将电能输送到家家户户，再由更细的电线输送给平板电脑的电池、冰箱、电烧水壶等。

钢质输电塔可以完美地支撑高压电线，但需要特别注意的是，不能让输电塔直接接触传输电能的电线，以防电荷从电线流动到输电塔上。因此，电线要悬挂在陶瓷绝缘子串上。

所有人都需要电，电线几乎随处可见。如果将地球上的所有高压电线头尾相接，连成一条，这根线的总长度将超过 500 万千米，相当于在地球和月亮之间往返六七次的距离！

电能也可以在空气中传输，只不过传输距离很短，无线充电器就是利用这个原理发挥作用的。我们要相信，总有一天，科学家一定能找到解决办法，通过空气直接将电能传输到几百千米之外。到那时，我们就能摆脱随处可见的电线，再也不用随身携带充电器了。

有科学家认为，在不久的将来，我们就能在近太空、近地轨道空间收集太阳能，那里有比地球表面多得多的阳光。这些能量将通过强大的激光，以无线方式传输到地球，地面接收站再将激光的能量转换为电能。

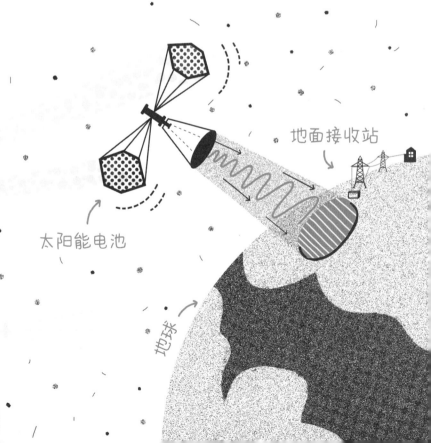

太阳能电池

地面接收站

太阳

地球

* 本页展示的是俄罗斯的一种电表，屏幕上会循环显示累计用电量、上月用电量、时间、日期等，和你家的一样吗？请和爸爸妈妈一起学习如何读电表。——编者注

如何读电表*

当前价目类型

累计用电量的整数部分

累计用电量的小数部分

2 - 1 0 7 4 0.2 — kW·h（即"度"）

价目类型 1 2 3 4 ‖ 累计用电量 ‖ 时间 日期 ‖ 上月用电量

从显示屏上的数字可以看出用电量，以度（kW·h）为单位。

用电时间不同，每度电的价格也有差异。通常来说，深夜的电价比白天的要便宜。

第四章
能量有什么用

当汽油被灌入汽车的油箱，电能被输送到每家每户的插座上，最重要的一步就开始了 —— 是时候消耗能量去做一些有用、有趣的事情了。

仔细观察，你会注意到，很多东西都通过消耗电能来完成工作。冰箱制冷，灯泡亮起，电烧水壶将水烧开，吸尘器吸入灰尘，平板电脑启动游戏……这些都需要电能。

不同电器运行时电能消耗的速度、数量都不同。电器上通常会标明电能消耗的速度，用瓦特（W）或千瓦（kW）来衡量，就像重量以克（g）或千克（kg）来衡量一样。仔细找，你就能在电烧水壶或熨斗上发现不起眼的小字：××瓦（W）。

有些冰箱上标的是一年消耗的电能 *，而有些洗衣机上标的是每次洗衣服消耗的电能。试着在你家的电器上找一找这些数字吧，并想一想：哪件电器消耗的电能最多？哪件电器消耗的电能最少呢？

* 在中国，很多冰箱上标的是每天消耗的电能。——编者注

就像电能要被传输到千家万户一样，储存化学能的化石燃料也会被运到需要的地方。汽车油箱里加入汽油，飞机油箱里加入航空煤油，重型卡车和轮船的油箱里加入柴油后，它们的发动机就可以工作，将燃料的化学能转换为动能，车轮、螺旋桨、推进器就可以运转起来了。

在这个过程中，每次只有少量燃料进入发动机，通常由电火花点燃。燃料燃烧后产生的热气推动发动机的活塞运动，就像锅里的蒸汽将锅盖顶起来一样，只不过程度更剧烈。活塞来回运动，带动车轮、螺旋桨、推进器运转。

石油是由不同分子组成的复杂混合物，经加工处理后，不同的分子就被分离出来，形成不同的产品。其中，质量最大、密度最大的部分是黏稠的重油，一些轮船用它作为燃料；柴油是从质量稍轻的部分提炼出来，通常作为卡车的燃料；比柴油更轻的煤油，有一部分被制成航空煤油，多用于飞机；而汽油则是从石油中最轻的部分提炼而来。

汽油

煤油

柴油

重油

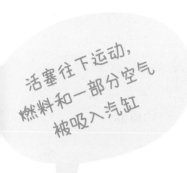
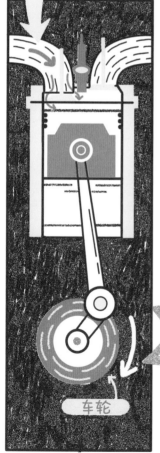
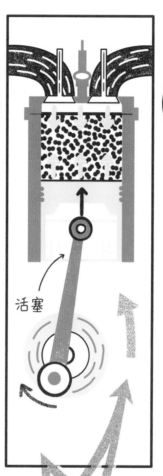

汽车发动机工作原理示意图

石油	煤	天然气	生物燃料	核电站	水电站

32%	27.1%	22.2%	9.5%	4.9%	2.5%

其他

1.8%

人类的能量来源

人类每年要消耗大量能量，其中大约一半用于工业，如维持各种机器的运转——开采矿物的机器、制造厂的机床、收割农作物的设备等。约有四分之一用于交通运输，如汽车、飞机、火车等，剩下的则用于家庭生活和城市运转。

虽然燃烧化石燃料会对自然产生危害，但至今为止，化石燃料仍是人类极为重要的能量来源。人类消耗的能量中，约有八成来自煤、石油和天然气，太阳能和风能发电的比例不到十分之一。

对此，我们得做点什么……

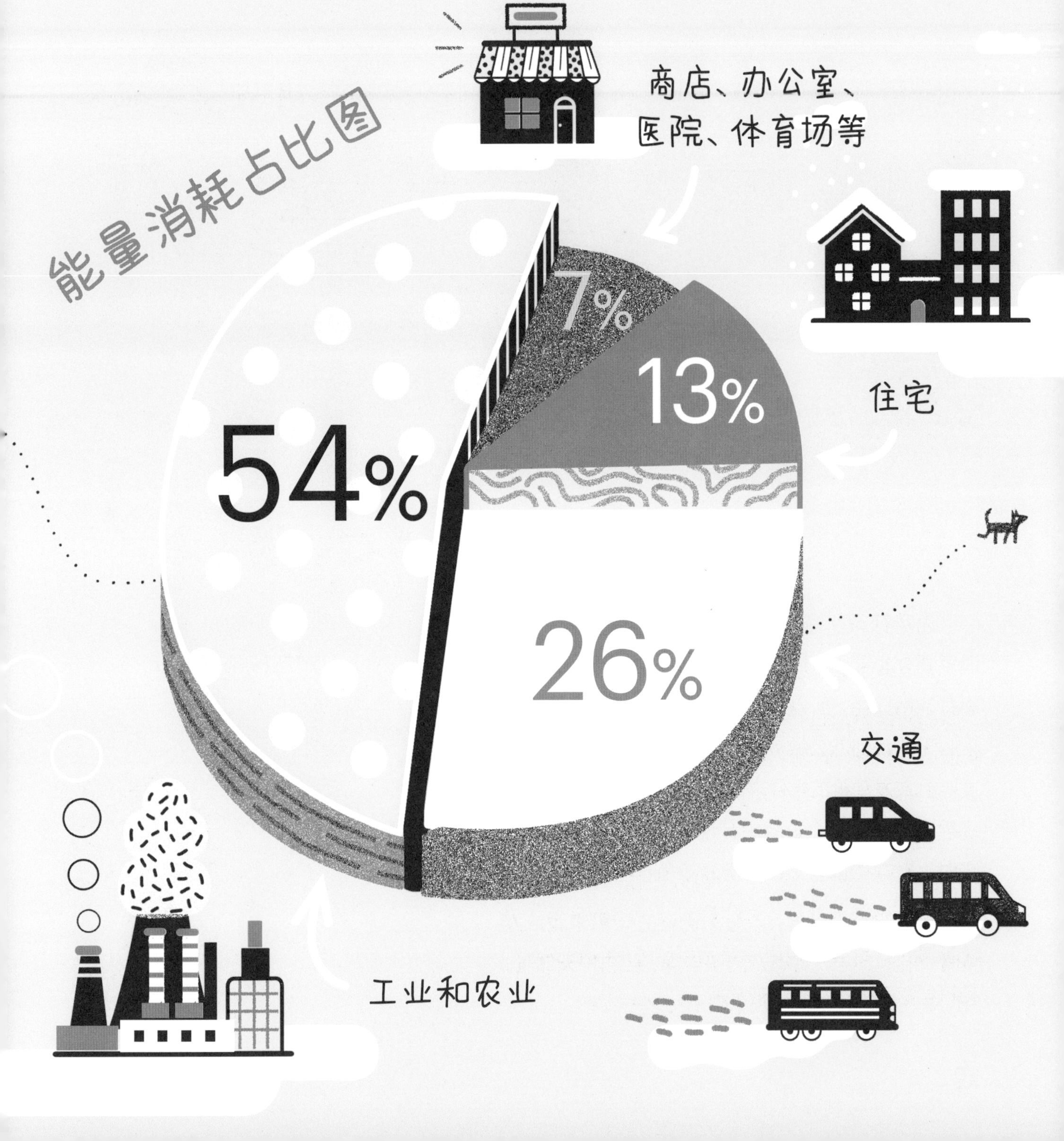

能量消耗占比图

7%

13%

54%

26%

商店、办公室、医院、体育场等

住宅

交通

工业和农业

锅盖就像帽子，能减少热能损耗。

为了获得所需的能量，人类每年不得不转换、消耗更多能量。因为转换、消耗能量的每一个步骤都有能量损耗，所以，转换能量时必须留有余量。

无论我们怎么做，总有一部分能量会被损耗掉。发电机或发动机的零件之间的摩擦会导致能量损耗；飞射出去的箭矢会在空中减速；火力发电厂燃烧煤炭时，释放的部分热能会随着热气一起消散在空气中；就连电池在商店等待出售时，蕴含的电能也会慢慢减少。这些能量损耗是不可避免的，但工程师和科学家正在想办法降低损耗。

用锅烧水时，如果没盖锅盖，就会丢失很多热能，但只要盖上锅盖，就可以比较好地将热能聚集在锅里，烧水时消耗的能量也会减少 1/3～2/3。

涂润滑油可以减小发动机运转时零件之间的摩擦；盖上烧水壶的盖子，能减少热能损耗……汽车和家用电器都在努力节能——更高效地消耗能量。例如，同样亮度的 LED 灯和白炽灯，LED 灯消耗的电能只有白炽灯的十分之一左右。

白炽灯里有一根金属丝，当电流通过时，金属丝会被烧得极热，从而发光。而 LED 灯使用的是特殊的半导体晶体，像沙子一样微小，不需要发热就可以直接将电能转换为光能。因此，LED 灯几乎不会有热能损耗，消耗的电能也就比白炽灯少得多。

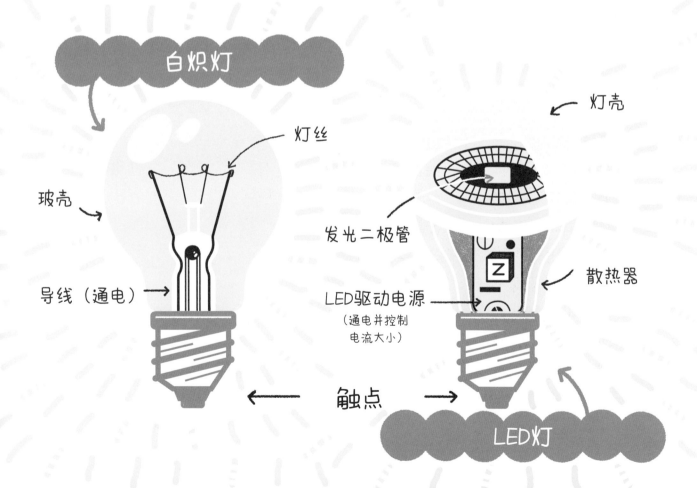

白炽灯

灯丝

灯壳

玻壳

发光二极管

散热器

导线（通电）

LED驱动电源
（通电并控制电流大小）

触点

LED灯

如果我们能在生产电能的地方直接使用电能，就可以避免传输时产生的能量损耗。

可以说，从任何东西中都可以获取电能——要知道，世界上发生的一切都是能量之间的转换，经过这样或那样的转换，任何一种能量总能被转换为电能。弯腿时，身体会释放热能；汽车行驶在马路上，会压得地面轻微摇晃……所有这些，都可以作为电能的来源。

当一个人静坐不动时，身体的散热功率约 100 瓦，即每秒释放约 100 焦热能。尽管这些能量非常少，无法让一个很小的房间暖和起来，却可以为附着在皮肤上的微型医疗仪器供电。

这是智能体温贴，贴片上的
数字显示的就是我现在的体温。
我的体温非常正常！

36.6℃

当然了，与燃料中的能量相比，这些能量非常少，连一壶水都烧不开，但对很多微型设备来说足够了。

未来，我们的生活中也许将充满小型发电机和充电器。它们借助城市的噪声、人体皮肤的热量、脚踩在鞋上的压力，就能为手表、手机和其他设备提供能量，根本不需要电线和电池，太棒了！

第五章
未来的能量

　　人类史就是一部能源史。很久以前，我们的祖先就围着篝火取暖，用牛马拉车。木材和畜力，作为人类主要的能量来源，被使用了成千上万年。

　　不过，它们的威力却远不如煤炭和石油那么强大。人们刚一知道如何组装发动机、使用化石燃料，木材就迅速失去了它的重要地位。如今，木材被使用得越来越少；田间和马路上也几乎见不到马匹了——它们被不知疲倦、动力更强劲的拖拉机和汽车取代了。

　　我们可以将人类的历史想象成从一种能源到另一种威力更大的能源之间的转变，就像从老式汽车到动力更强、更舒适的新式汽车之间的转变。这种转变今天仍在发生，太阳能、风能和核能正在逐渐取代化石燃料，不会排放尾气的电动汽车正在取代使用传统热力发动机的汽车。

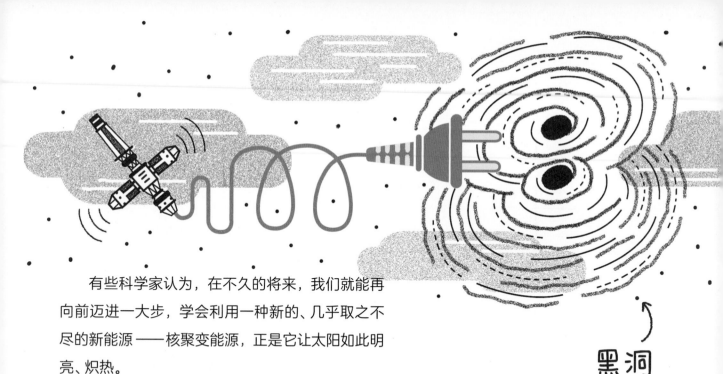

黑洞

有些科学家认为，在不久的将来，我们就能再向前迈进一大步，学会利用一种新的、几乎取之不尽的新能源——核聚变能源，正是它让太阳如此明亮、炽热。

质量大的原子核分裂时会释放核能，比如铀原子核；而当原子核质量很小时，就可以反其道而行之。用力挤压两个质量很小的原子核，它们会聚合到一起，生成新的质量较大的原子核，并释放大量的光和热。太阳由许多原子核很小的氢原子构成，氢原子核被太阳巨大的力量挤压，不断发生聚变反应，使太阳发光、发热。

人类正在做同样的尝试，即利用超强磁铁挤压少量氢原子。如果试验成功，我们就可以修建核聚变发电厂，利用核聚变获得大量能量。

当现有的能源匮乏时，人们就会想办法寻找新的能源，一些物理学家甚至已经开始思考，如何利用恒星和黑洞的引力来发电！

黑洞是密度极高的天体，体积很小，但质量非常大，因而具有极大的吸引力，任何靠近黑洞的物体都会被它吸进去，就连光也不例外。因此，黑洞附近聚集了大量宇宙尘埃和碎片，它们旋转着靠近黑洞，越来越快，越来越热。可想而知，黑洞附近的能量比我们已知的任何恒星都要多得多。

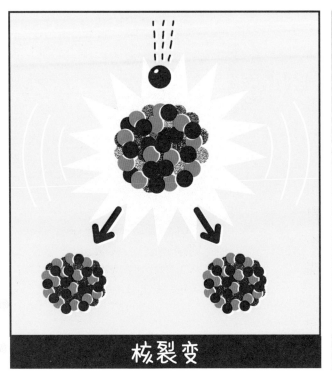

核裂变

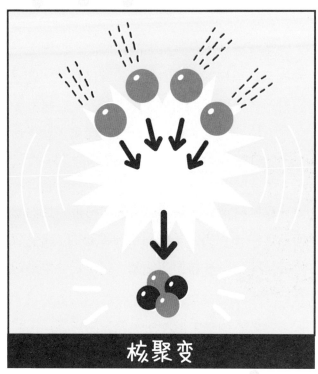

核聚变

质量大的原子核分裂为质量小的原子核时释放核裂变能源。

质量小的原子核聚合成质量大的原子核时释放核聚变能源。

从弹簧到汽车，从太阳到黑洞，世界上一切事物的运转都与不同能量之间的转换有关。能量有很多种形式，可以变换很多种"样子"。有的能量很可怕，比如射击和爆炸时产生的能量，或是台风袭来时的动能，但能量也有很多和善的"样子"。

没有能量，世界上的一切都无法运转：汽车无法行驶，灯不会亮，星星也不会闪耀……而我们身边发生的一切都是不同形式的能量的转换。总之，没有能量，世界将永远停滞。能量是让世界重启的魔法，有了能量就有了奇迹：窗台上的鲜花盛开，厨房里的电烧水壶咕嘟咕嘟响，平板电脑上的游戏又可以启动了……

请仔细看图，想一想：哪些东西可以产生能量？哪些可以储存能量？哪些能传输能量？哪些会消耗能量？

◯ 产生能量

◯ 储存能量

◯ 传输能量

◯ 消耗能量

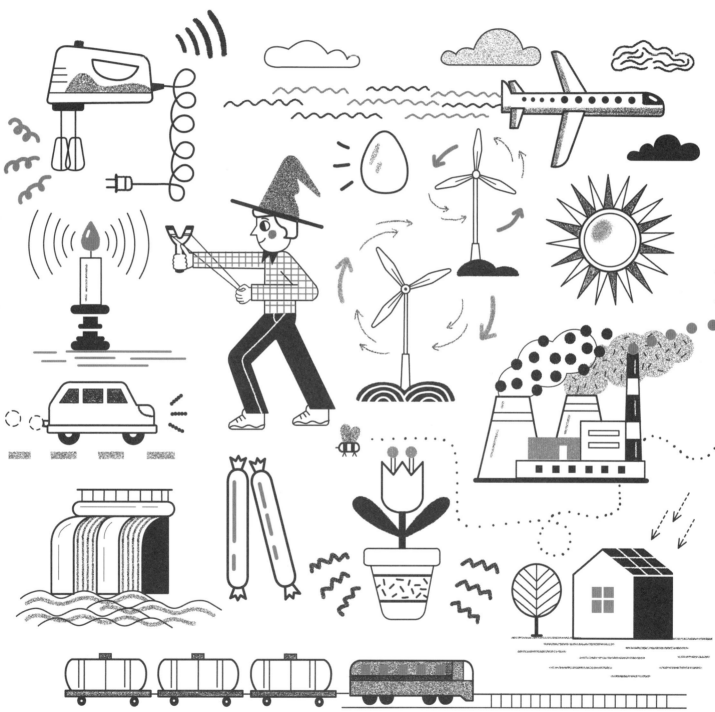

59

后 记

　　阅读这本书的时候，你的脑海中肯定产生了新的疑问吧？快将它们写下来，去寻找答案吧！你可以寻求老师的帮助，可以阅读跟能量有关的书籍，也可以试着做做科学实验。如果你所在的城市有科技博物馆，还可以去博物馆看看。最重要的是，要提出问题并尝试解答问题 ——科学家就是这样工作的！

　　要知道，长久以来，人类一直想摆脱能源短缺的困境，没准儿，就是你找到了解决办法呢！